YOKO SAKAMAKI

＼パリ／
プチにゃん
【petit parinien】

酒巻 洋子

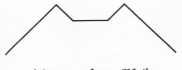

新しい命の誕生

▼

　「子猫が生まれたよ！」という吉報をもらったのは、2012年10月末のこと。ノルマンディー地方にある私の家で生まれ、パリ郊外のサン・ドニにあるコリーヌの家にお嫁入りしたリタが、5匹の子猫を産んだというのです。1カ月後に会いに行った子猫たちは、それはそれは可愛い盛り。私は孫子猫の誕生を祖母のごとく喜び、その前年の春にうちで生まれた子猫たちのことをしみじみと思い返したものでした。

　この孫子猫誕生が、私にとってさらに深い意味をもたらしたのは、その1年後のこと。ノルマンディーの家に残った3匹の子猫のうち、オス猫のプリュムが行方不明になったのです。そして今、さらにそれから1年が経ちますが、プリュムは帰って来ません。他の家の猫になってしまったのか、それともとっくのとうに死んでしまったのか、私には知る術もありませんが、それでも"孫子猫誕生"のことを考えると、少し救われた気になるのです。

「いなくなったプリュムと一緒に生まれた兄妹のリタは、さらに未来へと命を繋いでくれた」と。

　それは決して血の繋がりといった狭い家系の話ではなく、もっと大きな生命全体の話。限りある、そして明日の保証もない命を持つ、私たち人間を含めた生物は、出会いと別れ、生と死を繰り返して生きるしかありません。ましてや人間よりも寿命の短い猫たちのこと。誰もがいつか、自分の愛猫を見送る時がやってくることでしょう。

　猫だけではなく、すべての大切な者を亡くす哀しみは、人々を無気力で孤独な暗闇へと誘います。それでも、残された私たちはこの無常の世界の中で生きていかなくてはいけないのです。

　今日も猫たちは路地裏で、ブリーダーの家で、それともあなたの家で、子猫を産み落していることでしょう。生まれてきた小さな生き物は、新しい愛情の対象となったり、かけがえのない家族の一員になったり、そして誰かの心にぽっかりとあいた空洞を埋めてくれるに違いありません。新しい命は、誰にとっても希望であり、未来であるのです。無常な世界であるからこそこの世の中が、生まれてきた命にやさしい手を差し伸べ、すべての生き物にとって生きやすい場所であることを、心から願っています。

Bonjour!

SOMMAIRE

2 新しい命の誕生

6 PARTIE＊1
1カ月までのプチ・パリにゃん

44 PARTIE＊2
2カ月目のプチ・パリにゃん

86 PARTIE＊3
3カ月目のプチ・パリにゃん

126 PARTIE＊4
4、5カ月目のプチ・パリにゃん

152 PARTIE＊5
6カ月以上のプチ・パリにゃん

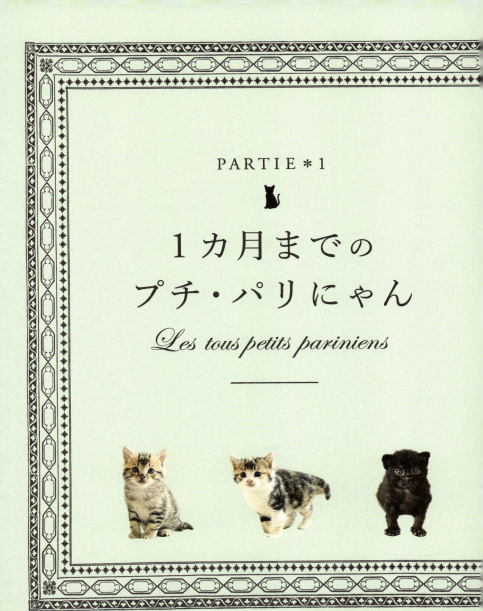

PARTIE *1

1カ月までの
プチ・パリにゃん

Les tous petits pariniens

生まれた時は、瞼は閉じ、耳の穴も塞がったままの、どうにも猫には見えない毛の生えた小さな生き物。生後1週間〜2週間で徐々に耳が立ち上がって聞こえるようになり、瞼が開いてキトンブルーといわれるブルー色の目が現れます。

―

生後3週間までには、よちよち歩きながら自力で歩けるようになり、1カ月経ってようやく子猫らしい姿になるのです。母猫がいれば母乳で、人間の手を介すならば哺乳瓶で育つ様子は、"ベベ・パリにゃん"といった感じ。日に日にぐんぐん成長する様子は驚異的で、一瞬のうちに過ぎてしまう貴重な時期です。

5 Chatons Noirs et Gris
<5匹の黒子猫とグレー子猫>
毛玉子猫／約3週間／性別未判定

PETITS
PARINIENS
エピネイ・
スュル・セーヌ育ち
01

毎年、春から秋にかけて子猫誕生時期になると、
身寄りのない子猫たちが次々と連れて来られるマヤの家。
この時も知人が見つけた5匹の子猫たちがやって来たばかり。
まだ目がよく見えず、よちよち歩きの小動物は、
常に5匹でまとまって団子状態。
同様に保護されてマヤの家で育った1歳のナミは、
同じ猫とは思えない小さな物体にびっくり仰天！

この毛玉のような物体は、一体何でしょう？

Nami

子猫特有のキトンブルーの目の色は成長するにつれ、各自個別の色に変化していく。5匹はまだ、はっきりと物が見えていない状態だとか。

ネズミのような細い尻尾に、ちょこっとだけ頭を出した小さな耳。小っちゃいあんよにはゴマ粒大の肉球と極細の爪がちゃんと完備されている！

まだ自分たちで自由に遊び回ることができず、
転がるか寝てばかりかの子猫たちのお世話をするのは、
ノランとアンリスの2人の子供たち。
常に子猫がいる家庭で育っているため、小動物の扱いは手慣れたもの。
やさしくふわりと持ち上げて、痛い思いをさせませんように。
でも、そんな守るべき小さな生き物たちの方が、
子供たちより成長が早く、すぐに巣立ってしまうんだよね。

子猫たちとゴロゴロしていると、一緒に眠くなってしまうのが常。そのまま本当に子猫と寝てしまったアンリス。

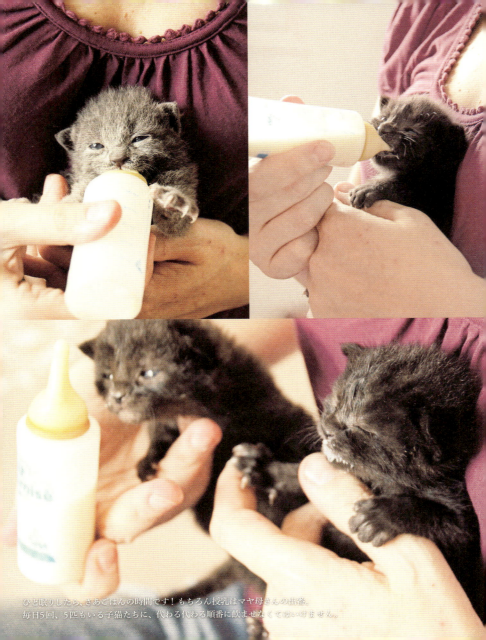

ひと眠りしたら、さあごはんの時間です！もちろん授乳はマヤ母さんの猫番。
毎日5回、5匹もいる子猫たちに、代わる代わる順番に飲ませなくてはいけません。

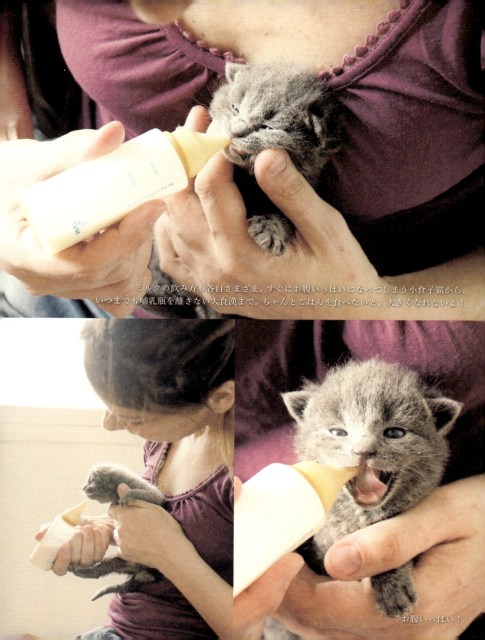

里子に出せるようになるまで、多くの子猫を育ててきた"育ての母"、マヤ。マヤの愛情も子猫が元気に育つために必要不可欠な栄養分。

刻一刻、寝ている間もぐんぐん大きくなる子猫たち。毛玉のような期間はあっという間に過ぎて、子猫らしい姿になるのもあと少しです。

PETITS
PARINIENS
パリ12区生まれ
02

June de Galiera
〈ジュヌ・ドゥ・ガリエラ〉
ぬいぐるみ子猫
1カ月／メス／チンチラペルシャ

鼻の色が黒っぽく、尻尾にグレー色が混ざっている力がシースー。

フランスでは生まれ年で、動物の名前の頭文字が決められており、2014年生まれの子猫には、"J"から始まる名前をつけるのが基本。ブリーダーの場合は、さらにブリーディング所を名前の後ろにつけます。

June

ぬいぐるみですか？

チンチラペルシャのブリーダーである、
イザリーヌの家で生まれたジューヌとジャワ。
母猫のエラと同じく真っ白なふわふわの長毛で、
瓜ふたつな2匹ながら、よくよく見ると鼻の色の違いや、
部分的に混ざったグレーの毛色で、ちゃんと識別が可能。
純血種然とした高貴なお姿ながら、まだ頭でっかちでアンバランスなため、
コロンコロンと頭からひっくり返るお茶目っぷり。
エラのように気品のある猫になるには、まだまだ修行が必要です。

ゴマフアザラシのゴマちゃん？

ピンク色の鼻で全身が真っ白なのはジャワ。
つぶらなお目々がうるうるしてきたら、おねむの時間。

子猫たちがまどろみ始めると、すかさず現れる母猫のエラ。グルングルンと2匹の全身を執拗に舐め回し、ほら、足の裏までピッカピカ！

お次は授乳の時間、と子猫たちの世話にせっせと励むエラ。立派な母猫ぶりだけれど、お乳を与えながら自分の足もフミフミしている、猫一倍の甘えん坊。お腹いっぱいになったジャワは満面の笑み。

ペルシャ猫好きが高じてブリーダーになったというイザリーヌ。
出産に立ち会い、臍の緒の切断も行うイザリーヌは、
母猫のエラとともに子猫たちにとって、まさに第2の母。
子猫たちの新しい親の選択はもちろんのこと、
場合によっては新住居にまで子猫たちを届け、
その後もやり取りを続けて成長状況をも把握するという徹底ぶり。
ジューヌとジャワの無邪気で幸せそうな寝顔は、
猫と人間のダブル母によって育てられた賜物なのでしょう。

June et Jawa

PETITS
PARINIENS
サン・ドニ生まれ
03

5 Chatons Multicolores
<5匹の多色子猫>
孫子猫／1カ月／性別未判定

ノルマンディー地方の我が家から"パリにゃん"になったリタが、
子猫を産んだと聞いて、1カ月後に駆けつけた里親コリーヌの家。
家の中に入ると、5匹もいる子猫たちは元気いっぱいに
四方八方へと動き回り、誰が誰なんだか分からない！
1年4カ月ぶりに再会したうちの長女リタは、
その横でゆったりと構えて、すでに母猫の貫録。
まさか孫子猫が見られることになろうとは、婆さん冥利に尽きます!!

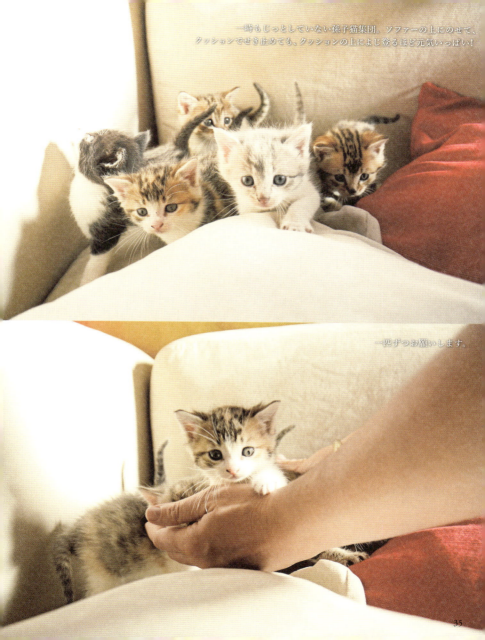

一時もじっとしていない孫子猫集団。ソファーの上にのせて、クッションでせき止めても、クッションの上によじ登るほど元気いっぱい！

一匹ずつお願いします。

Rita

あの子猫が……

リタ・1カ月半歳時

私の家で生まれた6匹の子猫のうち、コリーヌ家に嫁入りした長女(想像)のリタ。うち一番のおませさんが母猫になったということに、どこか納得(他の猫は避妊、去勢済み)。リタは自分の母猫にそっくりの毛色だけれど、リタの子猫たちはうちで生まれた子猫たちよりも毛色が薄いのは、やはり父猫の影響でしょうね。

毛色はさまざまながら、目の色はまだキトンブルーの子猫たち。リタの目はイエローに変わったけれど、子猫たちはそれぞれ何色の目になるのでしょう？

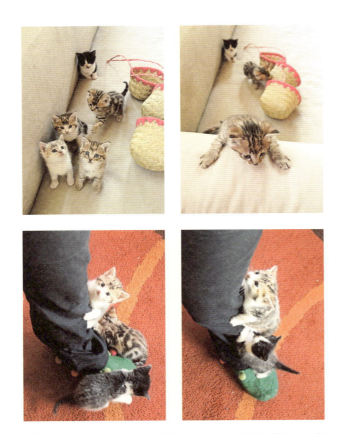

高跳びをしたり、コリーヌの足によじ登ったり、さらには早食い競争まで、毎日が運動会の子猫たち。大家族の子猫たちはみんなで遊びながら、いろんなルールを学んでいく。

5 Chatons Multicolores

ヴァカンスで大西洋側のヴァンデ県にある実家に、
リタを預かってもらっていたコリーヌ。
ヴァカンスから帰ってきたリタを見ると、なんとお腹が大きい！
親の知らぬ間にヴァカンス・アヴァンテュールを楽しむのは、
"パリにゃん"らしいクールな恋愛法。びっくりしたのもつかの間、
生まれてきた子猫たちはまさに天からの贈り物。
自分の娘猫が産んだ子猫たちを育てる喜びが味わえるなんて、
誰もが経験できることではありませんから。

みんなで大騒ぎした後は、もちろんお昼寝タイム。コリーヌの腕の中でポカポカと温まっていると、
雪崩れるように眠くなってくるのも無理はありません。

一斉に鳴いて、一斉に眠くなって、何をするのも一緒の子猫5匹。でも、みんなで一緒に暮らせるのも限られた期間のみ。あと1カ月もすると新しい家族の元へ旅立ち、それぞれの人生を歩み始めるのです。

PARTIE＊2

２カ月目の
プチ・パリにゃん

*Les petits pariniens
à l'âge de deux mois*

目の色がキトンブルーから各自の色に変わり、
活発に動けるようになった子猫たち。
生後2カ月を過ぎると、そろそろ母猫の母乳期間、
または保護されて人間の母の下での授乳期間が
終わり、里子に出される時期がやってきます。
すでに子猫たちにとって、乳離れをし、共に育っ
た兄妹と別れ、独り立ちをする年齢なのです。あ
どけない表情や愛らしい仕草で、もっとも子猫
然とした可愛らしさが見られる頃でも。
里親の家に迎えられた"プチ・パリにゃん"たちは、
新しい家族を魅了して止みません。

PETITS
PARINIENS
サン・モール・デ・
フォッセ在住
04

あっ、逃げられた！

う〜、どうにも捕まえられない！

アンヌロン家の次女カミーユとネズミのオモチャで遊ぶのは、
1週間前にこの家に来たばかりのシューケット。
先住猫のフィセルの遊び相手にもなるようにと、
知人の家で生まれた子猫をもらってきたら、これがものすごいお転婆娘！
ようやく好き勝手に動けるようになった2カ月半児は、
今まで溜めていたエネルギーを大爆発。
自分の体の小ささを知ることなく、飛んだり跳ねたり。
フィセルの遊び相手どころか、しつこく追い回す様子は小悪魔的！

いつまでも飽きずに遊んでくれるカミーユと、すぐに意気投合したシューケット。何をされてもされるがまま。

キス！キス！

遊んでくれる？

Ficelle

ごはんを食べていれば馬乗りになり、どこへ行くにもストーカーのようにつきまとって離れないシューケットに、逃げ出すフィセル。もう、勘弁してよ〜！

長女マルゴーに捕まる頃
には、シューケットのエ
ネルギーもだいぶ切れて
きた様子。そろそろ眠く
なる時間かしら？

猫用ベッドに入ると、母猫から母乳を飲むようにベッドの生地に吸い付いて、
両前足をモミモミさせるシューケット。
やっぱり、まだまだ赤ちゃん子猫なのです。

PETITS
PARINIENS
パリ 9区在住
05

看板らしくおとなしくしているのは束の間で、
早速ケイラの雑貨店にある商品で遊び出すサシャ。
そんなことをしているとケイラに怒られるぞ！

コラ！と遊びすぎてケイラに怒られる、若輩者。

うちで生まれた長男ジョルジュが婿入りをして約7カ月後のこと、
里親のケイラからジョルジュに兄弟ができたとの知らせが来た。
知人の男性が、元彼女が勝手に連れて来た子猫を
どうする術もなく、困っていたため、譲り受けたと言う。
こうしてケイラの店にはジョルジュとサシャの2匹の看板猫が誕生。
遊びが行き過ぎるサシャをなだめたり、2匹で共謀して
おやつをくすねたり、親分子分のいい関係になりつつあるよう。
神経質なジョルジュに、人懐っこいサシャはとてもバランスがいいみたい。

サッシャの一番のお気に入りの場所は、ケイラの懐の中!

Georges

\ あの子猫が…… /

ジョルジュ・1カ月半歳時

サッシャが来てからのジョルジュの変わりようにはびっくり！ あの問題児だったジョルジュが、立派な兄貴顔になっているのです。子猫には他の猫を成長させる力もあるのですね。その後、ジョルジュが下部尿路疾患になってしまったため、現在は2匹とも店にはおらず、ケイラの家で仲良く暮らしています。

PETITS
PARINIENS
クレテイユ在住
06

Lulu ＜ルル＞
家政婦子猫／2カ月半／メス／ラグドール

Nirvana

アガットが掃除を始めると、モップにしがみついて離れないルル。
その後ろには遊びの順番を待つ、ベルジアン・マリノア犬のニルヴァーナが待機。
いや、ルルは遊んでいるのではなく、掃除を手伝っているんだって。

もしかして、掃除中？

トンネルから袋まで穴に入るのが大好きなルル。
アガットが買い物から帰ってくると、すかさず買い物袋の中に入り込む。
でも、一緒に買い物に出かける気はないとか。

ラグドールのブリーダーの下で生まれたルルながら、
母猫が1歳未満という幼い年齢のため、販売規制にひっかかり、
さらには兄妹ともどもウイルス性鼻気管炎に感染しているという哀れな境遇。
れっきとした血統種ながら、貰い手も見つからず、
獣医大学に持ち込まれたというわけ。その獣医大学の教授である旦那さんが、
猫好きのアガットのためにもらってきてくれた、愛のプレゼントがルル。
感染した猫は生涯、潜伏的にウイルスを持ち続けると言われるけれど、
仲良し夫婦の下でルルは元気に育ってくれることでしょう。

Lulu

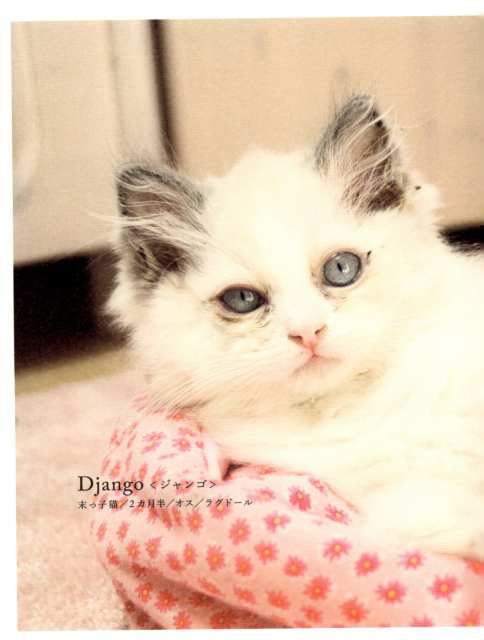

PETITS
PARINIENS
アルフォールヴィル在住

07

ルル（P.62）と兄妹で、同様にウイルス性鼻気管炎に感染している、
ジャンゴがやって来たのは、長女のオリヴィアに
双子のマノンとジュリエットがいる大家族。子猫の末っ子ができたことで、
姉妹仲が良くなったと言うのは、みんなのママンであるステファニー。
年下ができたため、ちょっとお姉さん気分になった双子たち。
まだまだ甘えたい年頃のオリヴィアは、
ジャンゴのおかげで双子たちに両親を独占されずに済むように。
姉妹関係をまあるく繋いだジャンゴは、すでに欠かせない家族の一員。

みんな一斉にかかれ！

ジャンゴはまだ赤ちゃんだからね。

おままごと用の哺乳瓶をくわえるジャンゴは、ホント、まだまだ赤ちゃん。

テーブルの上で回転させた定規を、「触ってはいけない」という遊びをオリヴィアが考案。動いている物にどうしても手を出してしまうジャンゴに、嘆くオリヴィア。

私はミニーよ！

すっかりジャンゴのお姉さんになったマノン。赤ちゃんを起こしちゃダメ！

ジャンゴとみんなでお昼寝しよう。

さあ、目をつぶって……、

目を開けているのは誰だ？

PETITS
PARINIENS
エピネイ・スュル・
セーヌ仮住まい
08

ヴェニスの遊び友達はアンリス。張り切って飛び回るヴェニスは、
生後3週間の毛玉子猫たち（P.8）よりも遊びがいがあるってもの。

仰向けになったまま、ご機嫌のヴェニュス。2カ月半歳ともなると、だいぶ立派な肉球をお持ちで。

こちょこちょこちょこちょ。

マヤの家（P.10）にすでに先住子猫として保護されていたヴェニュス。
さらに先住猫が2匹いて、後から毛玉子猫5匹がやって来るという、
変わりやすい猫環境の中、常にマイペースなヴェニュス。
毛玉子猫に人間たちが大騒ぎしている間は、部屋の隅で独り遊び、
アンリスが遊んでくれるとなると、部屋中を飛び回って大喜び。
さらには、歳の差が2カ月くらいしか変わらない毛玉子猫たちの、
母猫役も務めるほど朗らかで愛嬌よし。
多くの猫が住む家には、ヴェニュスのような中和猫が必要不可欠なのです。

私がママよ〜♪

PARTIE *3

3カ月目の
プチ・パリにゃん

*Les petits pariniens
à l'âge de trois mois*

生後3カ月もまだまだ里子に出される時期。母猫や兄妹猫と最後のひと時を過ごす子猫や、里親の家にやって来たばかりの新入り子猫もいます。

———

もっとも遊び盛りの活発な年齢でもあり、同居人や同居猫を駆り出すのはもちろんのこと、自分で遊びを発明してはいつまでも遊んでいる姿が見られます。と思うと、突然睡魔に襲われ、倒れ込むように寝始めるのも子猫ならでは。
自分の体力の限界を知らない、無茶な見習い"プチ・パリにゃん"なのです。

PETITS
PARINIENS
パリ18区生まれ
09

Mout'Mout
<ムート・ムート>
おまかせ子猫
3カ月／メス／シャルトリュー

Tasbih <タスビー>
控え目に活動子猫／3カ月／メス／シャルトリュー

Leith <レイス>
眠り子猫／3カ月／オス／シャルトリュー

お気に入りの寝床に独りでいると、

一匹、また一匹と子猫たちが集まって来る。

あれ、お母さんもですか?

シャルトリューの子猫が欲しかったというムーニアは、
自分の猫、アヤと立派なシャルトリュー男子のお見合いをお膳立て。
こうしてアヤは無事、アパルトマン内でムーニアの見守る中、
4匹の自分そっくりな子猫たちを産み落しました。
みんなシャルトリューの特徴であるブルー（グレー）の毛色に、
黄銅色の大きな目を持つ、温和な性格の子たち。
いつもくっつき合ってぬくぬくと育ってきた子猫たちも、もう3ヵ月。
離れ離れになる時がやってきたようです。

子猫同士のグルーミングは、いつしか取っ組み合いに、
取っ組み合いはいつしか昼寝に。子猫とはいえ、
この緩慢な動きはシャルトリューならではのものでしょうか？

アヤが産んだ子猫4匹のうち、すでに1匹は里子に出されて3匹に。この撮影の後にさらに1匹をもらいに里親がやって来る予定。これが最後のスリーショットなのです。

Kinder <キンダー>
待機子猫／3カ月／オス

PETITS
PARINIENS
コロンブ仮住まい

IO

一度紐を捕まえたら、何が何でも離しません！

獣医科クリニックのスタッフ用休憩ルームで、
ドクターたちが診療を終えるのを待っているのはキンダー。
道端で拾われてクリニックに連れて来られ、哺乳瓶で育った子猫です。
そんな風に捨て猫、迷い猫が連れて来られるケースが、
パイヤンドクターが10年前に開業して以来、約100件にも及ぶとか。
クリニックにやって来た子猫たちは里親探しまで世話をするのだけれど、
もっとも難しいのは、猫の面倒を一生見てくれる真剣な里親を見つけること。
どうか、キンダーにもいい里親が見つかりますように！

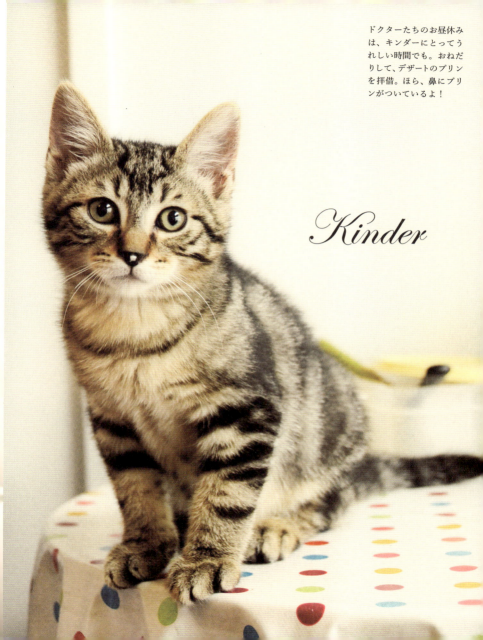

ドクターたちのお昼休みは、キンダーにとってうれしい時間でも。おねだりして、デザートのプリンを拝借。ほら、鼻にプリンがついているよ！

Kinder

PETITS
PARINIENS
サン・ドニ在住

11

先住猫のためにうちから嫁入りした次女デジーでしたが、
残念ながら相性が合わなかったと言う里親のクローデット。
その先住猫は、娘が引っ越しとともに引き取ったため、
新たにデジーの遊び相手として子猫がやって来ました。
人見知りなデジーとミミはカメラを持った客から逃げてばかり。
ベッドの下やテーブルの下に潜り込んでは、ミミはさらにデジーの後ろへ。
思い起こせばデジーを連れてきた日も、
隠れる先住猫とベッドの下で対面したデジー。
ミミとは末永く、仲良く暮らして欲しいものです。

何とか、写真を撮れる距離まで出てきてくれたミミ。ミミとは初対面だから仕方がないとしても、元母を忘れてしまったデジーにショック！

Mimi

どうやらカメラが怖いらしいミミに、おびき出すための最強手段を行使。大好物のヨーグルトを出すと、ほらご覧の通り。

Mimi

頭、抜けるかな？

＼ あの子猫が…… ／

＼ デジー・1カ月半歳時 ／

Daisy

ノルマンディーで生まれた子猫たちの中で最初に嫁入りし、3年ぶりに再会したデジー。あのチビな子猫が、想像以上に大きな体に成長していてびっくり！ 考えてみれば、ミミと同じぐらいの歳で別れたんだもの。と思うと、月日が経つのは本当に早いと実感。

あぁ、暇だな〜。

zzzzzz〜。

PETITS
PARINIENS
パリ9区在住
12

Dinah <ディナ>
お転婆子猫／3カ月半／メス

Maud

ディナが遊びに誘っても、乗り気じゃない時は相手にしないモード。
残念ながら、モード姉さんがいつも遊んでくれるとは限らない。

『パリにゃんⅡ』で集合住宅の真ん中にある、
住人たちの共同中庭に住む猫として登場したモードのところに、
妹分のディナがやって来た。
中庭に集まる猫から人間まで、誰とでも仲良くできるモードながら、
干渉されることが大嫌いでマイペースさも猫一倍。
遊び盛りのディナはつれないモード姉さんを諦め、中庭へと繰り出す。
なんといってもみんなが集まる中庭には、
遊べるものがたくさんあるのだから！

まだまだ小さな体に赤い首輪が大きいディナながら、フィリッポの家の窓からの出入りは問題なし。モード同様、自由に家と中庭を行き来する。

うきゃきゃ、お外大好き！

中庭にある大きな木に登るのも何のその。捕まえられるものなら捕まえてごらん！

「ディナ遊ぼ!」とやって来たのは、同じ建物にお住まいのイリス。ほらね、中庭にいれば、退屈しないでしょ。

PETITS
PARINIENS
パリ9区在住
13

Kalicy <カリシー>
おっかなびっくり子猫
3カ月半／メス

最初は寝室にある脚立の下から覗いているだけのカリシーながら、少しずつカメラとの距離が接近中。

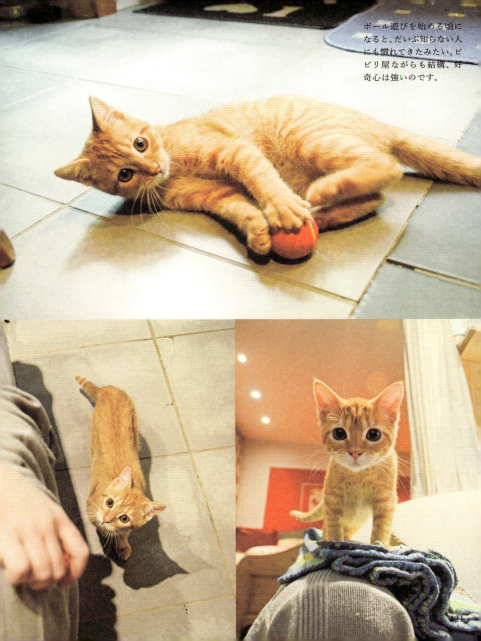

ボール遊びを始める頃になると、だいぶ知らない人にも慣れてきたみたい。ビビリ屋ながらも結構、好奇心は強いのです。

クマさんの番ですよ。

『パリにゃんⅡ』でモード（P.112）同様に中庭の猫として登場したパイエット。
当時13歳だった中庭の主猫は16歳の長寿を迎えつつも、
病気でごはんが食べられない状態に。
長年、一緒に暮らしてきたアリーヌは別れを決意し、
獣医師の手助けの下、自分の腕の中でパイエットを天に見送った。
パイエットがいなくなって、がらんと空っぽになってしまったアリーヌの家。
耐え切れなくなったアリーヌは、動物保護施設にいた小さな子猫を
引き取ることに。まだ家にやって来たばかりでビビリ屋のカリシーだけれど、
少しずつアリーヌとの距離は縮まっているよう。

カリシーが窓際で遊んでいると、次から次へと中庭の猫たちがやって来る。『パリにゃんⅡ』で出てきた、ミュートもすでに故猫となってしまい、新しい猫2匹がやって来たとか。モードにも妹分ディナができたし、中庭の猫たちは新しい世代を迎え、さらに数が増えている。カリシーもワクチン接種が済めば、中庭の猫の仲間入りよ！

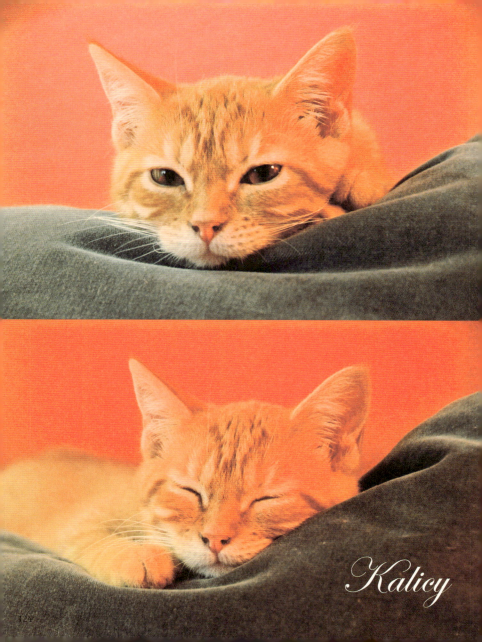
Kalicy

初めはあんなにビビリ屋だったのに、最後はご覧の通り。アリーヌの家に引き取られたのだから、もう大丈夫。何も心配せずに、ぐっすりとおやすみなさい。

PARTIE＊4

４、５カ月目の
プチ・パリにゃん

*Les petits pariniens
à l'âge de quatre et cinq mois*

———

大抵、生後2、3カ月で里親の下へとやって来る子猫たち。生後4、5カ月ともなると、新しい環境にも慣れ、立派な家族の一員として確固たる地位を築き上げる頃です。

———

体がみるみる大きくなって、遊び方も2、3カ月の時のようながむしゃらな感じではなく、ちょっと考えて遊ぶようになり、利口になりつつある"プチ・パリにゃん"。とはいえ、年配猫と比べると、歳の差、経験の差が如実に表れ、どうにもケツの青さがバレてしまうようです。

PETITS
PARINIENS
コロンブ在住
14

シャム猫2匹がいる、シャム猫好きソフィー・キャロリーヌの家に、
新しくやって来たのはオリエンタルショートヘアのジェリー。
シャム猫から派生した種類のため、
シャム猫に似ていながら毛色が異なるというもの。
細い肢体で優雅に動く先住猫のシンバとセルマークの間を、
チョコチョコと走り回るジェリーは、まだまだ幼い子猫。
娘のオロールに、オモチャのネズミで遊んでもらっても、
やっぱり長身のシンバには到底かなわない！

Simba

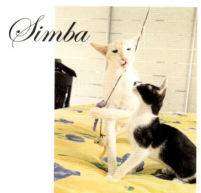

シンバ兄さん、少しは手加減してあげて。

元工場を改装して暮らすソフィー・キャロリーヌの家は、なんと3階建て。
ジェリーには鉄製の螺旋階段はまだ大きいみたいだけれど、
大好物のカリカリを鳴らす音に一目散！

おやつはどこ？

Jerry

兄さん猫2匹が子猫の遊びに飽きてきても、まだまだ食いついて離れないジェリー。飽きもせず、ソファーの上を飛び回る!

父さんが蚤の市で買ってきた巨大な黒ヒョウに、親愛のキス、キス。

Coppola <コッポラ>
弟分子猫／5カ月／オス／ベンガル

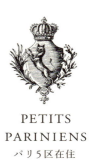

PETITS
PARINIENS
パリ5区在住
15

猫が大嫌いだったと言う、ママンのサンドリーヌ。
息子のシモンが父さんと示し合わせて、
残りの双子の兄姉をも説得してしまったから仕方がない。
家族の一員として猫を迎えることに、多数決で決定！
初めての猫、コッポラがやって来てからの暮らしは、
家族にとって猫の愛らしさや面白さを発見する日々に。
でも、一番猫の魅力にノックアウトされちゃったのは、
他でもないサンドリーヌだったとか。

Coppola

長年の夢だった猫を手に入れ、大喜びのシモン。小さな弟、コッポラの世話にせっせと励む。

ヒョウのような柄を持つベンガル種のコッポラは、
動きも小さなヒョウのような美しさ。
ただし狙う獲物がオモチャのネズミとは、勇ましさに欠けるけれど。

あれ、小さな兄さんが何か始めたよ。

小さな兄さんが仕事をしている時は、邪魔をせず、独りで遊びます。

「できた!」って何が?

シモンが熱心に作っていたのは、紙ロケット。
ブーンと飛び立ったはいいけれど、猫の肉球攻撃を受け、
最後はコッポラの頭上にドド〜ンと落下！

PETITS
PARINIENS
サノワ在住
16

Ines <イネス>
お嬢様子猫
5カ月／メス／ペルシャ

ベッドの上に寝そべってゴロゴロと喉を鳴らし、甘え上手なイネス。

甘えたくても、部屋の隅からなかなか出て来ないディマンシュ・マタン。

娘のポリーヌが2匹に与える愛情の量は全く同じなのに……。

さあ、遊びの時間よ！

イネスと遊び始めても、机の下から出てこないディマンシュ・マタン。
ようやく出てきたけれど、イネスの迫力になかなか手が出せない。

2匹の真剣さは、まるで力学の実験をする研究者のよう。

真剣になりすぎて、顔面アタック!!

元夫が猫嫌いだったため、離婚したら最初にしたかったことが、
"猫と一緒に暮らす"ことだったと言うあっけらかんとしたママン、アニエス。
めでたく(?)イネスを手に入れたのだけれど、
日中はひとりぼっちになるから、もう一匹を動物保護施設から引き取った。
その黒猫は日曜日の朝にやって来たため、ディマンシュ・マタンと名付けられる。
ペルシャ猫のブリーダーの下、手塩にかけて育てられたイネスと、
子猫の時に道端で保護されたディマンシュ・マタン。
生い立ちも、見かけも、性格も、異なる2匹ながら、相性はとってもいいみたい。

PARTIE＊5

6カ月以上の
プチ・パリにゃん

*Les petits pariniens
de six mois et plus*

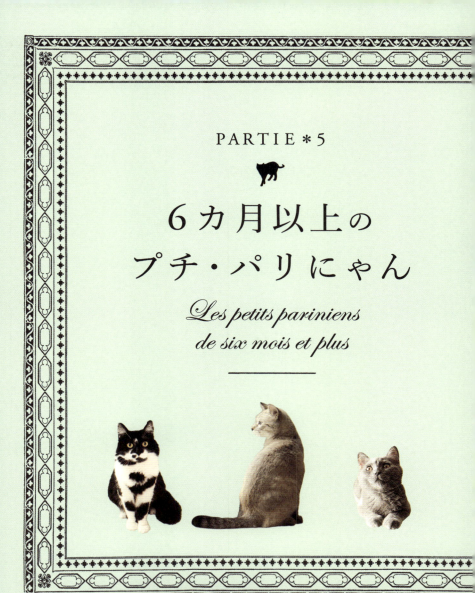

猫の年齢では子猫と呼ばれるのは1歳まで。1歳からは成猫と言われ、おとな猫の仲間入りをします。したがってまだ子猫である時期の生後6〜10カ月ながら、体はだいぶ大きくなり、1歳に近づくにつれて成猫に近い姿に。とはいえ人間同様、体ばかりが大きくなって、とは猫の世界も同じ。

―

若輩の"プチ・パリにゃん"たちは、同居する人間、猫、他動物から、たくさんのことを学んで、さらに成長していきます。立派な"パリにゃん"となるのも、もう時間の問題です！

PETITS
PARINIENS
サン・グラティアン在住
17

Pim's <ピンツ> 困り顔子猫
6カ月／オス／ブリティシュショートヘア

獣医科クリニックで働くマリアのところには、身寄りのない犬、
猫たちが集まって来る。すでに家族は犬1匹に猫2匹の大所帯。
そこにやってきたピンツは、捨て猫にしては珍しい純血種。
マイクロチップからなんと、フランス国外生まれだということが
判明したけれど、迷い猫の届け出は出されず、
定員オーバーのマリア家が引き取ることに。同じ境遇のためか、
他の動物たちのピンツを眺める眼差しはあたたか。
その中で、独り飛び回るピンツは、まだまだ子猫そのもの。

ピンツが遊び始めると、先住猫のオレオが興味深げに近づいてくる。
でも、体がだいぶ大きくなり、
遊び盛りのピンツの迫力に、そばで眺めるだけにしておく。

どこか困ったような顔が
ピンツのチャームポイン
ト。ネズミを捕まえたけ
れど、さあ、困った？

Pim's

Looky

ネズミを追って床を転がるピンツを眺めるのは、
マリア家の大御所、ルーキーとのんびり次男のオレオ。
ま、あいつはまだ若造だからね。

あれ、何かが降ってきた？

2匹のオス猫の大きな図体に、6カ月にして近づきそうなピンツの大きさ。
すでに立派な四肢から想像するに、ピンツが彼らの大きさを追い越す日も間近？

PETITS
PARINIENS
パリ20区在住
18

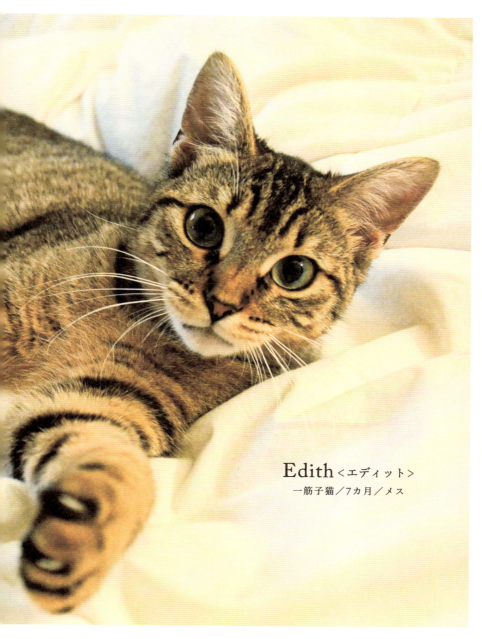

Edith ＜エディット＞
一筋子猫／7カ月／メス

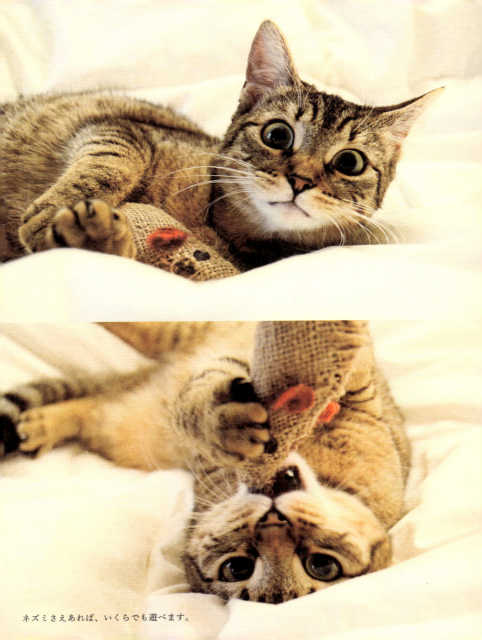

ネズミさえあれば、いくらでも遊べます。

Edith

知人が拾ったという子猫をもらって、
ヤンにとって初めての猫との暮らしが始まった。
ヘアメイクという仕事柄、不規則な生活の上、
独り暮らしの彼の帰りをいつも待ちわびているエディット。
そんなヤンが家にいる時は、思う存分エディットと遊んであげる。
ゴロゴロと甘え上手で、オモチャのネズミを追っては活発に動き回る、
魅惑的な小動物を見つめるヤンの目は、
まさに小さな恋人を得たようにメロメロ。

ネズミ一筋！

PETITS
PARINIENS
パリ9区在住
19

回転技を見せるよ！

スゴイでしょ？

スペイン近くの南仏の町、ペルピニャンに住む知人の家で
生まれた子猫を、はるばるパリに連れて来たナジェ。
ごはんをあげてもすぐにお腹が空く、育ち盛りのスパイクは、
ナジェの愛情をもたらふく食べてすくすく育ち、
今や体は成猫顔負けの大きさ。
でも、よく見ると成長しすぎの体に反して、
顔はまだまだ小さく、あどけなささえ残る印象。
子猫を卒業するには、もう少し時間がかかりそう。

「お腹が空いた」と言われると、どうしてもごはんをあげてしまうと言うナジェ。今、食べたばかりでしょ！

Biscuit <ビスキュイ>
食い気より遊び気子猫
推定10カ月／オス

PETITS
PARINIENS
オルネー・スー・
ボワ在住
20

ある日、家の近くの道端でシドニーが生まれたばかりの子猫を見つけた。
すでに家には、フレンチブルドッグのムムンと、
その頃まだ小さかった雑種犬のビドゥーがいたけれど、
子猫を哺乳瓶で育てて行くうちに、すっかり家族の一員に。
今や、子猫だったビスキュイも子犬だったビドゥーも大きくなり、
小さなアパルトマンはパンパンになってしまったけれど、
子供たちがすでに巣立って静かになった家の中は、再び大賑わいに。
それもこれもあの日、子猫が天から降って来てくれたおかげなのです。

旦那さんのロヴァは犬派、奥さんのシドニーは猫派。
したがって、家族の中に犬と猫が両方いてちょうどいい。

犬兄さんたちは常に大騒ぎなのが難点。でも、独りの時間が必要なビスキュイを、ちゃんと放っておいてくれるやさしさも。

Biscuit

ママンのシドニー手製の焼きたてクッキーを左右から狙う、ビドゥーとムムン。
その後ろでビスキュイは一体何をしているのかしら?

クッキーは遊び道具ではありません。

プチにゃん
<small>＼パリ／</small>

2015年2月17日　第一刷発行

著者・撮影　　酒巻洋子
装　　幀　　増田菜美（66デザイン）
発　　行　　株式会社 産業編集センター
　　　　　　〒112-0011 東京都文京区千石4-17-10
印刷・製本　　株式会社シナノパブリッシングプレス

©2015 Yoko SAKAMAKI Printed in Japan
ISBN978-4-86311-108-0　C0076

本書記載の情報は2014年12月現在のものです。
本書掲載の写真・文章を無断で転記することを禁じます。
乱丁・落丁本はお取り替えいたします。